你也可以成为
时尚设计师

CAHIER DE STYLISTE

Cultive ton look!

培养你的时尚触感

[法] 玛丽·梵迪特里 (Marie Vendittelli)
索菲·格莉奥托 （Sophie Griotto） 著

吕娟 译

人民邮电出版社
北京

图书在版编目（CIP）数据

你也可以成为时尚设计师：培养你的时尚触感 /
（法）梵迪特里（Vendittelli, M.），（法）格莉奥托
(Griotto, S.) 著；吕娟译. -- 北京：人民邮电出版社，
2014.7
ISBN 978-7-115-35500-3

Ⅰ. ①你… Ⅱ. ①梵… ②格… ③吕… Ⅲ. ①服装设
计②服饰美学 Ⅳ. ①TS941

中国版本图书馆CIP数据核字(2014)第090171号

版权声明

内 容 提 要

时尚设计师是个令人充满遐想的职业。怎样才能成为时尚设计师？时尚设计师该拥有怎样的知识呢？怎样用时尚设计师的眼光来装扮自己呢？作者从体型的比例、面料的选择、色彩的搭配、风格的确立、配件的修饰等方面，带给你一对时尚设计师的眼睛，带你走入时尚设计的世界。

◆ 著　　　〔法〕玛丽·梵迪特里（Marie Vendittelli）
　　　　　　　索菲·格莉奥托（Sophie Griotto）
　译　　　吕　娟
　责任编辑　孔　希
　执行编辑　李　新
　责任印制　周昇亮

◆ 人民邮电出版社出版发行　　北京市丰台区成寿寺路 11 号
　邮编　100164　电子邮件　315@ptpress.com.cn
　网址　http://www.ptpress.com.cn
　北京瑞禾彩色印刷有限公司印刷

◆ 开本：700×1000　1/16
　印张：9　　　　　　　　　　2014 年 7 月第 1 版
　字数：134 千字　　　　　　　2014 年 7 月北京第 1 次印刷
　　　　著作权合同登记号　图字：01-2012-8411 号

定价：39.80 元
读者服务热线：(010)81055296　印装质量热线：(010)81055316
反盗版热线：(010)81055315
广告经营许可证：京崇工商广字第 0021 号

你也可以成为
时尚设计师

CAHIER DE STYLISTE

Cultive ton look!

培养你的时尚触感

目　录

想跨出你的第一步，进军时尚界？

想成为时尚设计师？
其实很简单！

想试试这个有趣的职业，只需要补充并完善你的时尚知识：
了解时尚史上一些时尚大师的经历、生平，
明白设计技巧、颜色和面料对设计的作用。

当然，你也必须学会怎么使用画笔！
不过别担心，不是所有的大设计师都有绘画天赋。
你只需要学会一些基本的绘画技巧及知识，用来画出人体轮廓，就可以轻松上阵啦！

这本书教你如何自由发挥，帮助你实现愿望。

释放你的时尚激情吧！

所有的大设计师都是这样开始的哦！

学画轮廓

　　想学服装设计，完全不需要在时尚界打拼10年！几乎所有的设计师都有一个共同点：某年某月某日，他们从画人体轮廓开始了时尚之路。真的！了解这一绘画基础后，你就能像他们那样轻松画出自己的设计图了。

小贴士

　　先观察商店橱窗里展示的模特，再试着用寥寥几笔在一张画纸上或本书后面的画册上（请看第118、119页）画出它们的轮廓。尝试画出窄的、宽的或不明显的肩部线条，喇叭型、直筒型短裙等。这样，你就知道衣服可以有很多不同的样式。这是在学习如何画出设计图的生动感之前应该迈出的第一步。

你可以将人体想象成一根竖轴线，顶部（中间）是头，下面是由肩膀和大腿根部组成的一个三角形，头加上半身的长度与腿部的长度几乎一样。

身体比例

为了让设计图看起来更真实，就必须将轮廓比例画得协调。要做到这一点其实很简单哦！记住，将身体分成八等分，每一等分都要和头部的长度一样。

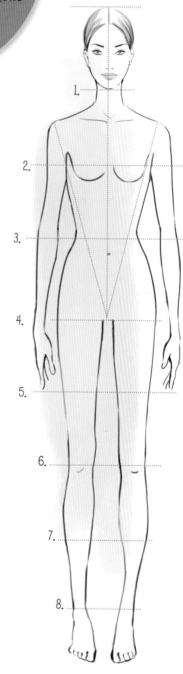

1. 下巴
2. 胸部
3. 腰和手肘
4. 臀围和手腕
5. 手指尖
6. 膝盖
7. 小腿肚
8. 脚后跟

参照左边的模特图，试着画一画你的第一个轮廓图吧！

姿势

想将衣服画得合身、好看，可不能把穿这件衣服的模特画得像一个死板的衣架。通过模仿这两张图，你将学会怎么画基本的模特姿势。这样，你的图看起来就真的像大设计师的作品啦！

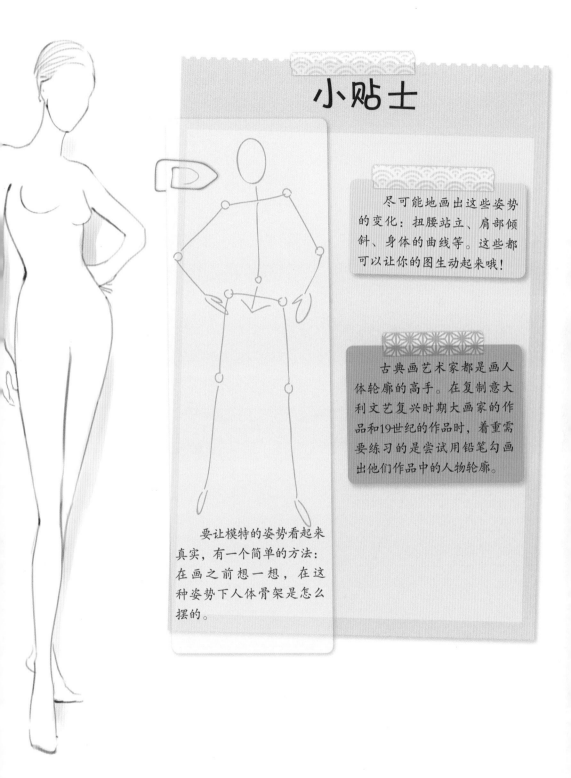

小贴士

尽可能地画出这些姿势的变化：扭腰站立、肩部倾斜、身体的曲线等。这些都可以让你的图生动起来哦！

古典画艺术家都是画人体轮廓的高手。在复制意大利文艺复兴时期大画家的作品和19世纪的作品时，着重需要练习的是尝试用铅笔勾画出他们作品中的人物轮廓。

要让模特的姿势看起来真实，有一个简单的方法：在画之前想一想，在这种姿势下人体骨架是怎么摆的。

头部

根据下面的图例来画眼睛、鼻子和嘴巴，当然，你也可以给模特化上彩妆哦！

头部绘画的五
个要点

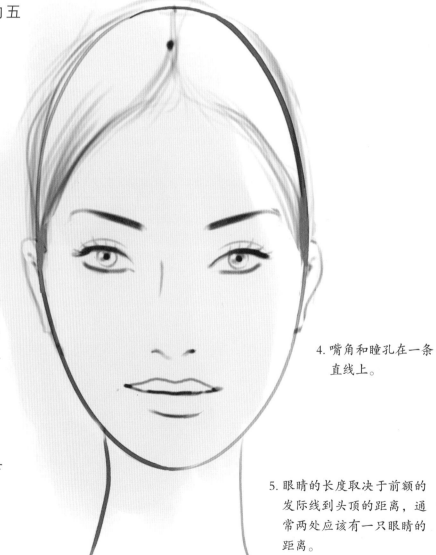

1. 眉头和耳朵
   顶部处于同
   一高度。

2. 你可以在靠近内
   眼角的地方轻轻
   地画一条线来表
   示鼻子。

3. 鼻尖位于脸部下
   三分之一处。

4. 嘴角和瞳孔在一条
   直线上。

5. 眼睛的长度取决于前额的
   发际线到头顶的距离，通
   常两处应该有一只眼睛的
   距离。

按照小贴士，重画旁边的模特。

小贴士

你可以用马克笔来画轮廓；如果用彩色铅笔来画并调整色彩深浅的话，面部看起来会更柔和。

慢慢地，你就会找到自己的风格，并且，了解自己用得最顺手的是哪种技巧。当然，你也可以用真的腮红和眼影试着来给"她"化妆，效果会很棒的！

怎样设计一件衣服?

我们常常会问: "设计师的设计灵感从哪儿来呢? "不同设计师情况并不相同。有的设计师喜欢观察街头形形色色的人群,从而获得灵感;还有一些设计师会完全忽略他们的衣服穿起来是否舒服或者是否容易穿的问题,可他们的灵感却总能引领潮流。一些大的流行时装连锁品牌替这些设计师解决了以上问题,他们将设计师的作品稍加修改,让衣服更容易被大众接受。虽然这有作弊的嫌疑,但对作为消费者的我们来说却很实在,因为这样,我们也能买得起时髦的行头了。

一般情况下,一名设计师在设计时,首先想到的是颜色,然后才是样式。为了设计出你自己的服装系列,请随着这条困难但却充满乐趣的道路,让它带领你走向你专属的T型展示台吧!

小知识

"勾起你无限的购买欲望!"这句话是许多大的时装连锁品牌的格言。为了达到这个目的,他们每年都会推出好几个系列,不停地上新品,几乎每6个星期就会上一次新品。他们还有个小窍门:定期变换展示架的位置,以改变你的购物习惯。事实证明,这样做的效果很明显!

颜色的选择

　　研究表明，大多数人是通过颜色来选衣服的。如果说我们的眼睛能分辨出35万种不同的颜色，那么，我们只需要了解它们的一些基础特性、知道怎么搭配这些颜色就可以了。颜色一般分为两大类：冷色调和暖色调。最冷的颜色是蓝色。蓝绿色、紫色和灰色有蓝色元素在里面，所以，它们也属于冷色调颜色。毫无疑问，最暖的颜色是红色。暖色调里还有色调深浅不同的橙色、粉色、棕色和黄色。

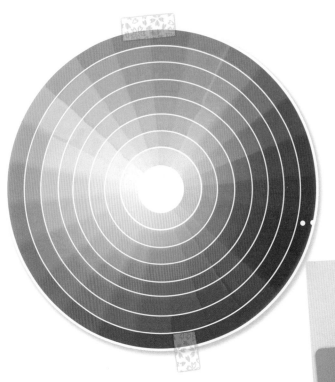

小贴士

　　为了更好地了解这些颜色是如何相互影响的，可以买三种颜料，即三原色（红、黄、蓝），再加上黑色。在画纸上混合这些颜色，看看会产生什么效果，然后，剪下你喜欢的颜色，再将它们做成色谱卡。

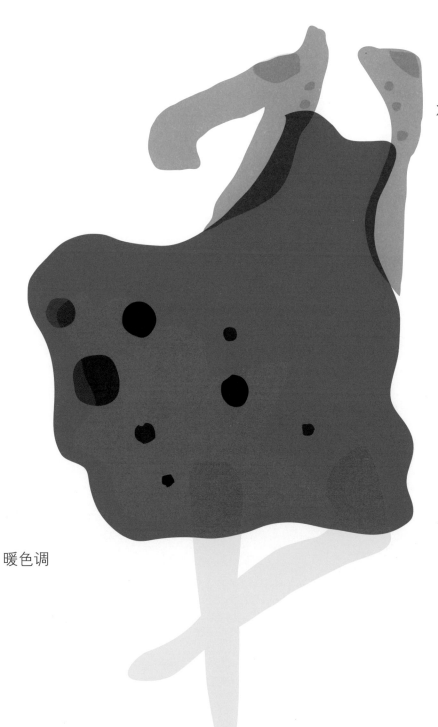

冷色调

暖色调

制作自己的调色盘

　　收集你喜欢的颜色（可以是从杂志上剪下来的，也可以是自己填色或彩色的纸等），进行各种搭配：有意思的、不常见的或你觉得漂亮的，都可以！

小贴士

　　不仅要会观察，而且要敢于大胆尝试！名牌服装店的橱窗通常都是由专业人士设计制作的。仔细观察后，你就会发现有些颜色搭配不太常见，它们显得特别突出，反而能立刻讨人喜爱。在制作调色盘的时候，可以在自己面前放一些面料小样，试着搭配一下。最佳的搭配效果，往往来自摸索过程和一些偶然所得。

小知识

　　颜色搭配没有好坏之分。颜色的选择只需要符合衣服的风格就行，例如，鲜艳明亮的颜色及多种颜色的搭配适合民族风格的服装，暗色调的颜色和单色则适合简单的、有图案的或有一定设计感的衣服。

颜色的基础知识

中性色系

所有的中性色都属于暖色调。穿着这种色调的衣服，永远不会在品位上犯错。中性色适用于设计寒冷季节穿的衣服。

棕色系

所有的棕色都比较中性，与灰色搭配会略显刻板，与橙色搭配则会显得非常热情。棕色系的颜色属于冬季色。

橙色系

橙色系能让任何款式的衣服都增添一些学院风，但切忌太多，不然会有万圣节南瓜灯笼衣服的感觉。

黄色系

这一色系很明亮，但不经常被采用，因为它看起来不是很有品位，而且，不是所有人都适合。

绿色系

绿色系里有十多种颜色，从最明亮的到最黯淡的绿色都有，它们能让其他颜色焕发个性，不管是夏天（浅绿）还是冬天（卡其绿）的衣服，都适合用绿色。

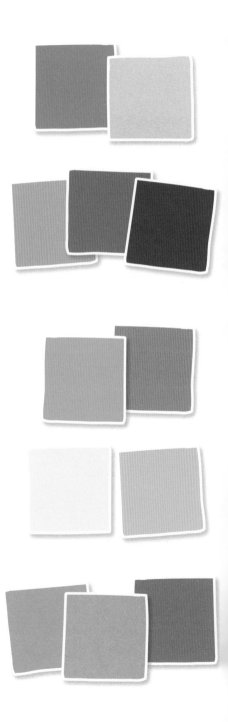

小知识

颜色可以给人们传达一些信息。

比如同一款长裙，一条黑色，一条红色。黑色这条能立刻让人联想到"优雅"，而红色那条则会让人联想到"性感"。

蓝色系

不管是优雅的还是俗气的，蓝色系总是能够提供最全面的色调。有它们，没什么是不行的。

紫色系

根据紫色里红、蓝色素的多少，来分配紫色是暖色调还是冷色调。这完全可以由你来决定。

粉红色

从覆盆子的深粉红到巴洛克的浪漫浅粉，粉色系有非常多的可能性。你可以根据风格来选择。

红色系

亮丽的红色看起来非常有活力。深红（略紫）色则最为经典，不过设计时得小心使用。

金色&银色

这两个颜色很少用在服装上，但经常用在配饰上。一个暖，有点耀眼；一个冷，有些许暗沉。

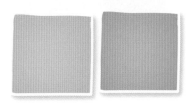

有关颜色的词汇

用来区别颜色及颜色搭配的词汇非常多。如果你知道最常用的词汇， 就能更容易地说明你的选择，而且，使用恰当的词汇总是有好处的。

对比色
一些同时出现的、位于色环（请看18～19页）上相对位置的颜色,如蓝色与橙色。

渐变色
由深至浅的同一种颜色。

单色
同一色系的颜色。

协调
颜色搭配在一起后产生的顺眼、好看的效果。

深色
暗色。

浅色
加入了白色的颜色。

纯度
即纯色（未混合黑色或白色）。

色调
适量地加入一些灰色，会使颜色发生渐变。

小贴士
季节影响着人们对颜色的选择。夏天，我们更容易喜欢浅色，冬天则更容易喜欢深色。不要忘了这个哟！

安德烈·库雷热[1]

安德烈·库雷热生于1923年3月9日。尽管他的服装风格总以简结的白裙和半靴的搭配来呈现，但他对颜色的应用是出了名的，橙色、绿色、粉红色、绿松石色、黄色等颜色都能被他很好地使用。他设计的衣服以简单的单色或双色为主、款式简洁（裁剪非常简单）、易穿，解放了20世纪六七十年代的女性们。他的作品直到现在都非常流行，印着大大两个AC字母的人造革小外套，受到了很多复古潮粉丝的追捧。

1. 安德烈·库雷热 (André Courreges)是法国时装设计之父，也是与可可·香奈儿(Coco Chanel)齐名的20世纪60年代最著名的高级定制女装设计师，以当年的"月亮女孩"(Moon Girl)闻名。当代风尚偶像维多利亚·贝克汉姆(Victoria Beckham)就是库雷热的"铁杆粉丝"。

设计出4款颜色来代表四季

春

夏

你也可以成为时尚设计师：培养你的时尚触感

专业的面料色谱卡上有1900种颜色的色度，供面料制造商参考，所以你无需担心有什么颜色是表达不出来的。

小贴士

　　准备一些带孔的透明活页夹。从一些杂志中找到印有当季大的潮流趋势（这些信息都会定期发布）的页面，再将它们剪下来放进活页夹里，双面都要用上哦。最后，将活页夹收集整理到文件夹里。你可以根据季节来整理，也可以根据颜色来整理。经常翻一翻这些收集的资料，试着找找设计灵感。

秋

冬

面料的选择

面料比颜色更为重要，因为它直接关系到做出来的衣服是否好看、合身。如果面料选错了，做出来的衣服就会非常难看。当然，这些都是由你来决定的。例如，就算羊毛面料穿在身上会让人的皮肤感觉到痒，也不至于以后你设计的所有服装都不选择使用该面料。

为了不让你的春夏款系列太厚、太热，或者秋冬系列单薄得让人打哆嗦，请谨遵本指南。

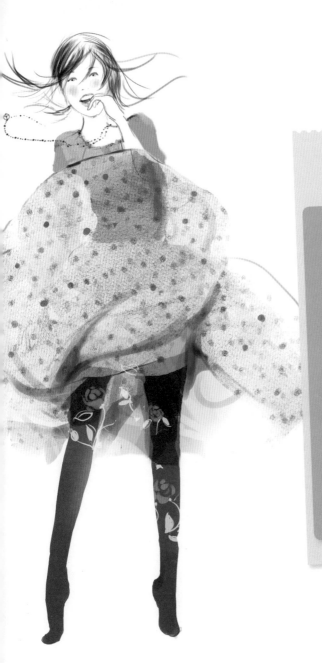

小贴士

　　选择你穿起来最舒适的衣服和其他一些衣服，仔细看它们的标签，分析它们的面料组成。你会发现，棉非常舒适，但却缺少柔软度；亚麻也很舒服，但容易起皱；合成面料的服装很合身、好看，但穿起来却不是很舒服。

　　记住：为了让你的服装系列协调统一，最好不要一次用太多不同的面料。

小知识

　　让纤维变成面料的技术有两种：梭织和针织。毛毡、蕾丝和纱属于"非织物"类。

梭织

做布料时，应先将长长的纱线（既可以是天然纤维，也可以是合成纤维）竖着固定在纺织机上，再把其他的纱线横着与之交叉而过。竖着的纱线叫经线，横着的纱线叫纬线。不管是哪个方向，纱线放得越多，布料就越厚！在布料成型以后，我们便可以在上面加一些图案，或者是我们所说的印花图案，这样的话，面料的样式就可以无穷无尽啦！

小贴士

如何画印花图案的面料呢？例如，粗花呢，应先把整件衣服涂上主色，如浅褐色，然后再用其他颜色（如棕色和铁锈色）叠画上竖线条和横线条。请从旁边的图样中找找灵感吧！

小知识

如今，我们有很多很多种面料，其中一些非常具有革新性，包括超级柔软、防水或抗压（没错，真的有抗压面料！）的面料。大多数情况下，这些革新面料都是在纺织好后，经过工业技术处理得来的。这些面料大多数是用合成材料做成的，如塑料瓶就可以用来做抓绒材料。

艾米里·欧普奇[2]

意大利至今都是最主要的高级面料制造国家之一。意大利的名气来自它优质的布料，同时，也多亏了艾米里·欧普奇。他的印花女装曾风靡全球，受到20世纪50至60年代的大牌明星的追捧，其中最具代表性的便是玛丽莲·梦露（Marilyn Monroe）。多彩的几何图案是普奇面料最明显的标志。设计师之女——劳多米亚（Laudomia）在2000年重新推出了普奇面料，使其继续打扮着好莱坞一线明星，如哈莉·贝瑞（Halle Berry）、凯莉·米洛（Kylie Minogue），还包括一些大明星的孩子们，如苏芮·克鲁兹（Suri Cruise）。

2. 艾米里·欧普奇（Émilio Pucci），意大利高级定制时装设计师，在20世纪50年代，他的作品曾风靡一时，店中常客包括著名影星索菲亚·罗兰（Sophia Loren）、玛丽莲·梦露（Marilyn Monroe）、杰奎琳·肯尼迪（Jacqueline Lee Bouvier Kennedy Onassis）等。另外，阿波罗15号带到月球上的那面旗帜就出自他之手。

下面每一个模特身上都穿着以下4种面料中的一种（属于织物类）：绸缎、粗呢、人字条纹、条绒（灯芯绒），请试着把它们找出来。

1.

2.

3.

知识:

制作绸缎的时候，经纱要比纬纱长。

在制作丝绒的时候，除了经纱和纬纱外，我们还会加一条纱线，让它在布料的表面形成绒圈。我们可以保留绒圈，用来做毛巾的面料，也可以将绒圈割断，形成丝绒。

小贴士

画羊毛套衫的时候，可以用轻微抖动的手来勾它的边。如果你想画人字条图形的小外套，不需要花一小时将衣服全部画上花纹，只需要在衣服的前面画一小部分，然后在袖子的旁边标注一个面料说明就可以了。

试着画出两款不同的印花，可以从书上现有的模特款式上找灵感，然后再用自己的方式画出来（通过改变花纹图案或颜色）。

小贴士

我们可以用同一款图案来设计整个服系列，但是，用一个或多个特别的印花案能让你的作品更有表现力、更具个印花图案有很多种，可以是不断重复碎花图案（如利伯提印花布[3]），也可以多次重复的大图案。

如果你知道如何使用PAO[4]绘图工具，就可以直接扫描现有图片，然后在电脑上进行拼接，最后，只需要把打印出来的结果贴在这里即可。

小知识

制作印花面料有很多种方式。最常见的有滚筒印花和丝网印花。

滚筒印花：先在一个滚筒的表面涂上色浆，再将花筒未刻花部分的表面色浆刮除，使凹形花纹内留有色浆，然后将花筒压到布料上，色浆就会转移到布料上。如果想要其他颜色，需要重复相同工序。

丝网印花：先将筛网固定在框架上，然后，根据印花图案留出网孔，再把准备好的网框放在布料上，最后在需要印的地方加上色浆，使色浆通过网孔沾染到布料上。

3. 利伯提（Liberty）印花布诞生于1875年。早在利伯提开业时，其就以印度迈索尔花布与木版印制技术，染印出了第一款独家设计的印花布，其精致细腻、典雅大方的设计很快风靡伦敦。

4. PAO，译为彩色桌面出版系统，又名DTP，是Desk Top Publishing的缩写。印前处理设备由桌面分色和桌面电子出版两部分组合而成。

针织物

忘掉外婆给你手织的那些又肥又丑、面料粗糙、每次去看她的时候还不得不穿上的毛衣吧！针织技术已经发生了翻天覆地的变化，如今的针织品与过去的针织品完全是两码事。虽然我们现在还使用着一些手工针织法的技巧，但是现在的机器已经可以实现各种各样你想象得到的织法了，从简单的平针到最复杂的麻花针都可以。

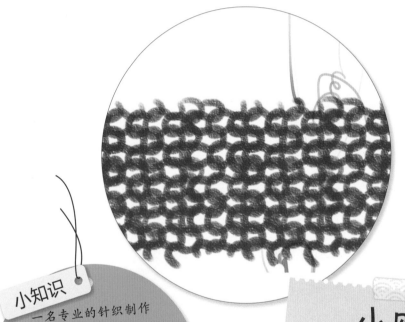

小知识

一名专业的针织制作者只需要45分钟就可以织好一件毛衣套衫，还包括后期制作，而且，这样制作的套衫不会像用布料做一件衣服那样浪费那么多的材料。用布料做衣服总会有材料被浪费掉。

小贴士

毛线的种类繁多，粗细各异，越细的越经典，但越不容易出彩。想让你的设计个性十足更具原汁原味的一面，可以在作品系列里加一件天然羊毛粗线套衫或开衫，配合使用亮丽的色彩或几何图案。

索尼亚·里基尔[5]

　　一头蓬松的红发、喜欢穿黑色服饰、身形消瘦的索尼亚·里基尔，很难让人忘怀。1930年5月25日出生在巴黎的她，绝对称得上是法国时尚界最具才华的女设计师之一。1962年，当她做出那件灰色紧身毛线套衫的时侯，绝对不会想到这件小小的针织衫会给全球时尚界带来如此大的震撼。尽管很多年前她就已经把大部分设计交给自己的女儿娜塔莉负责了，但这位擅长针织和割绒的法国女人，永远都是跨越服装设计和装饰界的领军人物。

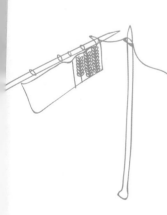

5. 索尼亚·里基尔(Sonia　Rykiel)，法国设计师、作家、演员和美食家，有着"针织女王"的美称。20世纪80年代时，她被誉为"全球十大优雅女士之一"。

不同季节的系列设计

每年两次，服装设计师都会绞尽脑汁设计出自己的作品。这是个极度令人兴奋的节奏，但也非常累人。幸运的是，这些设计师身边有十几位可以依靠的同事。当然，你现在还没到他们那个级别，不过，这并不妨碍你设计出自己的第一个服装系列，因为这个系列只为你自己而设计，它能代表你，并且有可能让你产生将设计师当成自己职业的欲望。

小贴士

一个系列就是一个故事。先定好主题，点子就会来得比较容易，而且，这样也不会跑题。像专业设计师一样，制作一个板子，在上面贴上让你有灵感的元素，比如，你决定好是巴洛克风格，就可以收集一些建筑资料（教堂、房屋建筑）、美术作品的照片、明信片、著名的人物肖像图（古今皆可）、同一风格的纸或面料、珠宝首饰等。把这些资料贴在或钉在板子上。这样，你的灵感元素就近在咫尺啦！设计下一个服装系列的时候，要把板子上面的东西全部取下来，再根据所选的主题重新开始！

时尚日历表

为了让你更清楚以后的日程安排，请看下面的时尚日历主要事件。

一月	二月	三月	四月	五月	六月
完成春夏季作品的设计图。 设立秋季标准及原型。	选择明年春夏季的面料。 修改完善秋冬季的设计图。	统计成功和不成功的款式，以及整体销售业绩数据。	画春夏季服装结构图。	继续画春夏季服装作品的结构图并开始秋冬季作品的制作。	

七月	八月	九月	十月	十一月	十二月
设立春夏季服装作品的标准并继续秋冬季作品的制作。	完成秋冬季作品的制作。	交付秋冬季作品。选择明年秋冬季服装作品的面料。完善春夏季作品。	秋冬季服装作品交付结束。开始春夏季服装作品的制作。统计销售数据。	继续春夏季作品的制作并开始画秋冬季作品。	画秋冬季服装作品的结构图并开始春夏季服装作品的制作。

小贴士

别忘了给你的系列取个名字，字母缩写或一个你喜欢的词都可以。还要给自己的作品做一个品牌标识，手绘或在网上找的字体都行。先让你的朋友们（女孩子优先）参考参考，然后再自己做决定。

春夏季

你的第一个服装系列就由让人活力四射的夏季开始！不过，不要以为越薄的衣服做起来越简单；也不要以为夏日阳光万丈，你就必须用花花绿绿的颜色，或者一概设计成"沙滩装"。夏日正是找到自己风格和仔细思考的好时节，你能学到很多关于品位的东西。

问题

1. 你最喜欢的风格是什么？为什么？

2. 你觉得夏天穿什么款式最舒服？

3. 夏天里，你也喜欢黑色吗？

4. 印花？行！但是，用什么样的印花呢？

5. 你的服装是面向什么人群的？

小贴士

女装成衣和少女装的设计是不同的。可以参考自己的穿着（或忽略），选好服装对象并坚守这个方向。千万不能试着让所有人都满意，这样是绝对不可能成功的。

答案

1. 你喜欢的款式

你喜欢的颜色

2.

如果你喜欢紧身的款式，可以加几款。不过，这样的款式穿起来容易出汗，而且，身材太胖的女孩们不会太喜欢，所以，一定要记得设计几款宽松的衣服。

3.

黑色是基本中的基本。把它加入夏季款服装又何尝不可呢？至少，几件还是可以的，当然，你也不必强求自己。

4.

多参观服装店，多看杂志，再将这些资料都存在电脑中。这样坚持下去，自然而然就会找到灵感。

5.

这个问题问得好！这会决定你的服装风格。当你真的知道你是为谁设计的时候，就会有更多的灵感啦！

太棒啦！你已经从杂志中筛选好了图片，收集好了你喜欢的面料小样，而且，你对颜色的掌握也越来越顺手！现在，是时候从所有颜色中选出一些，来做你第一套服装系列的色谱卡了。

给这张色谱卡上色（或贴上色纸），确定你未来设计图的色彩。

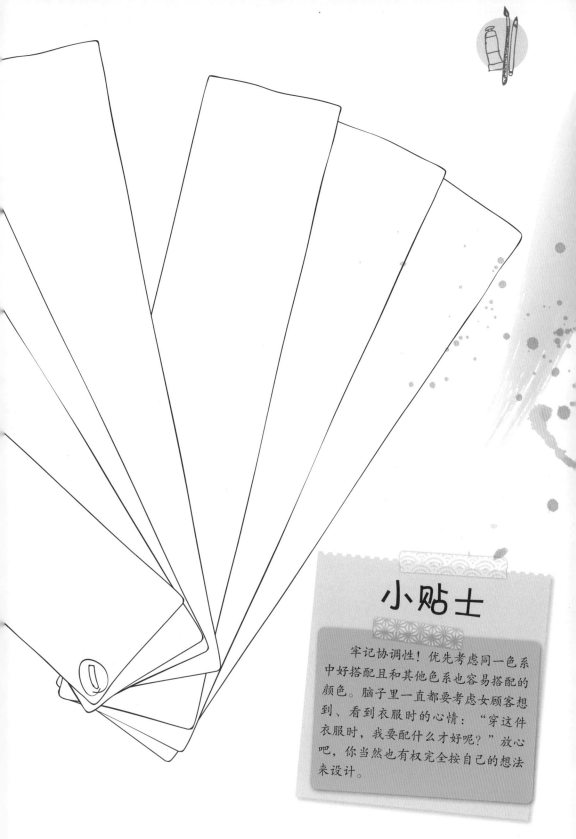

小贴士

　　牢记协调性！优先考虑同一色系中好搭配且和其他色系也容易搭配的颜色。脑子里一直都要考虑女顾客想到、看到衣服时的心情："穿这件衣服时，我要配什么才好呢？"放心吧，你当然也有权完全按自己的想法来设计。

面料的选择

设计你的服装系列时，面料的选择是至关重要的一步。要选对面料，当然，也需要问对问题！

• 这个面料是否适合季节？

尽管非常薄的克什米尔羊绒可以在夏天穿，但是，最好避免使用毛织品，你不想在穿上夏天的衣服时有"桑拿"感吧？

• 这个面料凉爽吗？

合成面料比较容易让人出汗，最好选择亚麻、棉和轻薄透气的面料。

• 现在流行的是什么？

条纹当道？可以在设计中试几件。

• 你有特别喜欢的图案吗？

把你喜欢的图案当作基调，然后，根据颜色选择其他面料。

• 是不是总是问自己这些衣服是设计给谁穿的？

薄纱适合做礼服，如用来走戛纳电影节红地毯的礼服，当然，这些礼服给青少年穿就完全不着调了。

小贴士

避免只使用一种面料。多种面料的使用会让你的衣服更有吸引力，更独特。当然，也不能用太多种，否则，系列的整体感会随之消失。绉纱的无光泽、不透明可与缎子的明亮、清晰形成一种很美的对比，但是，如果你把绉纱和亚麻搭在一起，就不会有这样的美感了！把不同的面料小样放在一起看看效果，就知道如何才能搭配好了。

请根据不同的主题，给这些模特的衣服画上图案。

迈阿密假期　　　悠闲伦敦　　　罗马周末

小贴士

千万不要误以为悠闲伦敦就等于苏格兰格子裙啊！那就显得太夸张了！可以在画之前看一看欧美两地成功设计师的作品，从中找找灵感。

可以开始设计自己的衣服啦！现在，是时候选择你最习惯的方法了。铅笔非常适合画外部轮廓，但线条不明显，看不出颜色的色调深浅。记号笔在这一方面就比较突出啦！如果用水彩或墨水画，设计图风格就会更柔和、轻盈。一定要防止颜料渗透，用水彩和墨水时，需要用专用的纸才行哦！

漫游纽约

不同季节的系列设计　49

款式的选择

选好服装设计的受众后，现在就该决定它的款式了。为了让大多数人满意，最好选择简单的款式、轻薄的面料和相对经典的剪裁。不要忘了，系列里的款式最好能互相搭配，这样会让女顾客们产生多买几款的欲望。

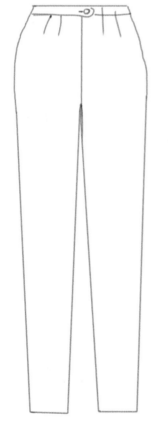

6. 毕加索（Pablo Picasso，1881－1973年）出生在西班牙马拉加（Malaga），是当代西方最具创造性和影响力的艺术家之一，也是立体画派的创始人。

衣服的不同款式

裙子和短裙

古时的罗马人和希腊人只穿长袍。这些袍子是由一大块布料做成的，长可达6.5米、宽可达2.5米，在奥林匹斯神山上穿穿确实非常优雅，但它不是在任何地方都适用。男人和女人几百年来都穿这种长袍，但14世纪，男装进行了革命，此后，裙子便只给女人穿了。

1964年英国设计师玛丽·奎恩特[7]发明的迷你裙革命性地改变了时尚界。迷你裙被视为一种独立的表现方式，迅速得到了年轻女孩的喜爱，并且流行了起来。

从那以后，服装设计使一切皆有可能。

---

7. 玛丽·奎恩特（Mary Quant）是英国时装设计师，被誉为"迷你裙之母"。她所设计的迷你裙系列开启了现代时装潮流并一直引领着现代时装潮流的发展。

8. 保罗·波烈（Paul Poiret）是法国设计师，代表作为赤罗纱斗篷、土耳其式灯笼裤、霍步裙、胸罩。

9. 杰克·杜塞特（Jacques Doucet），法国19世纪的时装大师。

10. 查尔斯·弗雷德里克·沃斯（Charles Frederick Worth），英国人，高级定制服业的开山鼻祖。

11. 加布里埃尔-夏洛特·蕾娅娜（Gabrielle-Charlotte Réju），昵称蕾娅娜（Réjane）20世纪初法国最有名气的女演员之一。

"革命者"
保罗·波烈[8]

保罗·波烈是一名布商的儿子，法国巴黎人，生于1879年4月9日。他非常有天赋，并且对时装设计充满热情。他先后师从杜塞特[9]和沃斯[10]（见第52页）学会了服装制作。1903年，他开了自己的第一间时尚沙龙并开始为当时有影响力的明星设计衣服，如女星蕾娅娜（Réjane）[11]。保罗·波烈很快取得了巨大的成功，但由于过度挥霍，他终于在1925年破产。他的晚年穷困潦倒，被世人遗忘，最后于1944年4月28日在巴黎的一家慈善医院去世。

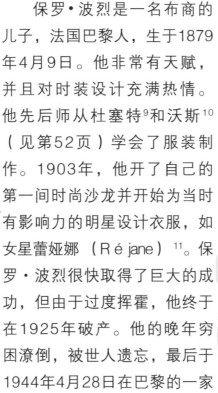

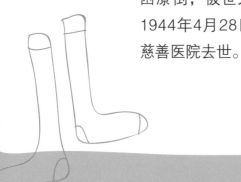

小知识

波烈是第一个——
· 提倡女子从紧身胸衣的桎梏中解放出来，支持现代胸罩；
· 将黑色底裤换成更浅的颜色；

· 去掉服装的浅色调，改成明亮的颜色和印花图案；
· 发布了自己的香水（比香奈儿早了10年）。
· 将东方艺术引入到自己服装的印花图案中。

连衣裙的款式有6种。先了解这些款式，然后再学怎么画：你可以无限地改变它们，然后设计出自己的款式。

小圆摆
（花苞）

高腰

紧身

低腰

小贴士

试着让你的系列充满节奏感：设计好几个类型的裙子，或者完全与之相反，只用超级简单的款式，宽松的或紧身的。

为了了解衣服是怎样构成的，可以照着自己的衣服来练习，例如，先将自己的一条裙子平铺好，在纸上画上一条竖线，然后，一遍一遍地画。先画出裙子的大致款式，再仔细画衣领、袖子、褶子、扣子，甚至包括缝线。这样做能帮你了解衣服是怎样做出来的。

一步裙型
（直筒）

收腰

大摆

按照风格，给下面的模特穿上裙子。

广告狂人

绯闻女孩

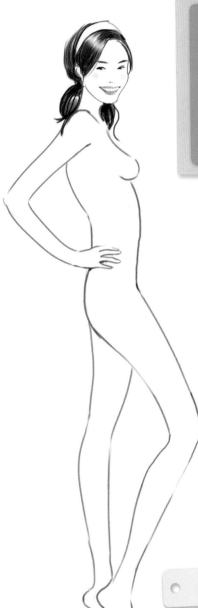

小贴士

　　画图时需要想象一下效果，包括怎么穿进去、衣服的褶皱该怎么处理等。可以在镜子前看看自己衣服的这些细节，或者让你的女性朋友们充当模特！

高中音乐剧

20世纪70年代的秀

衣服的不同款式

女裤

女裤是当今时尚界必不可少的单品，但在一个世纪以前，女性只有在运动或工作的时候才穿它。在20世纪60年代的时候，安德烈•库雷热（André Courrèges）加快了女裤的流行速度。

1965年，女裤的产量第一次超过了短裙！一年以后，伊夫•圣罗兰[12]让模特们穿上无尾晚礼服（Le Smoking）[13]，惊艳全场。在此之后，裤子便成了实用、优雅的代名词，得到各方人士的喜爱。

12. 伊夫•圣罗兰（Yves Saint Laurent，YSL），法国设计师，同名高级时装品牌的创始人。品牌产品中包括时装、香水、饰品、鞋帽、护肤品、化妆品及香烟等。
13. 无尾晚礼服是以前的绅士们为了不让所有的衣服都有一股烟味而在去吸烟室时特别穿的衣服。如今，这个法式叫法也逐渐被时尚圈人士所接受。
14. 牛仔裤的创始人。

小知识

美国人雅各布•戴维斯（Jacob Davis）和李维•施特劳斯（Levi Strauss）[14]用法国尼姆产蓝色帆布做裤子的时候，是否知道自己正在创造一个传奇？他们当然不知道！当时（1853年），他们只是想做一条结实耐磨，工作时穿的裤子而已。

他们成功了！
牛仔裤不仅耐磨，而且，还经受住了时尚的考验。据说，每年牛仔裤的销量高达23亿条，几乎每秒钟就能卖出73条。

伊夫·圣罗兰

　　1958年，伊夫·圣罗兰在迪奥发表了自己的第一个系列，那时他只有21岁。4年后，他自立门户，将风衣、狩猎外套[15]、海军装、裤套装和无尾礼服等演绎成女装。全球都被他的设计所折服。

　　1936年8月1日，伊夫·圣罗兰生于阿尔及利亚奥兰，2008年7月1日去世。在去世前几个月，圣罗兰都还在和他的长期合伙人皮埃尔·伯奇[16]共同管理着他们的跨国公司。

15. 狩猎外套（safari Jacket），主色调为卡其色，特征是单排扣至腰际，胸前与下摆车缝有4个口袋，肩上缝有肩章带。它的功能性强，深受摄影师和作家的喜爱。
16. 皮埃尔·伯奇（Pierre Bergé），法国奢侈品企业家，圣罗兰的合伙人、伴侣。

裤子有很多种样式。下面，学习这些样式并画出一些基本款。

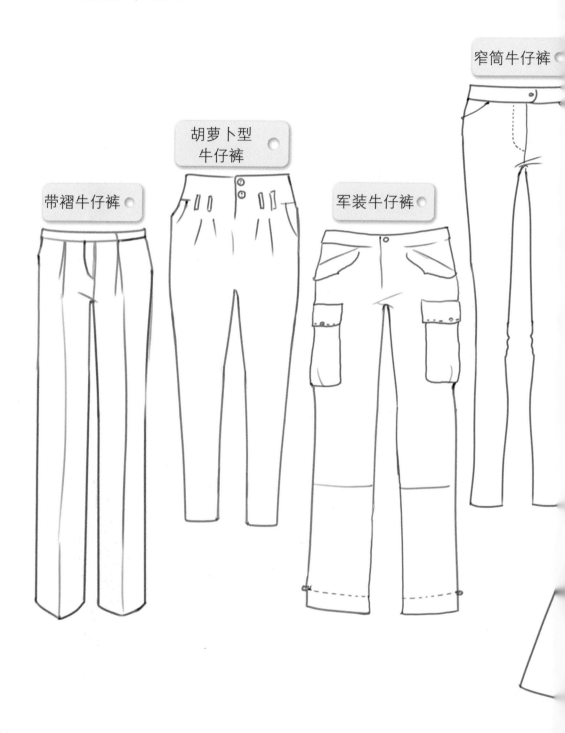

窄筒牛仔裤

胡萝卜型
牛仔裤

带褶牛仔裤

军装牛仔裤

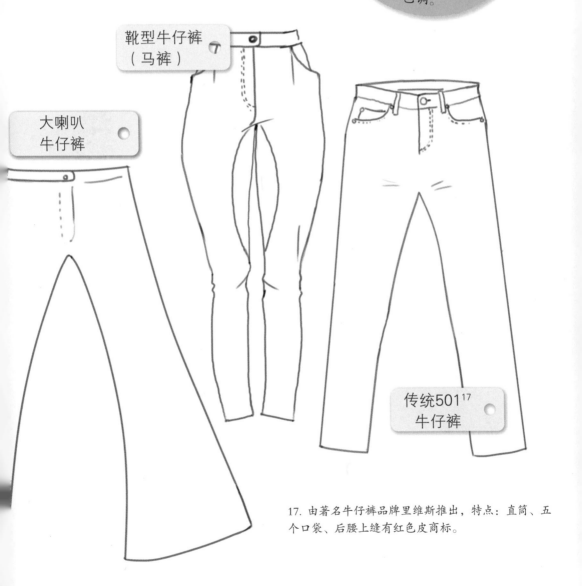

靴型牛仔裤
（马裤）

大喇叭
牛仔裤

传统501[17]
牛仔裤

17. 由著名牛仔裤品牌里维斯推出，特点：直筒、五个口袋、后腰上缝有红色皮商标。

给下面的模特穿上同款裤子（从第60~61页里
选），再用4种不同的上衣，搭配出完全不同
的风格。

给每种风格取个名字。

小贴士

宽松的牛仔裤配紧身上衣，看起来才不会有笨重的感觉哦！修身的牛仔裤搭配宽松的上衣是《火爆浪子》[18]风格的再现。衬衣搭九分牛仔裤，绝对有范儿！

18. 《火爆浪子》（Grease），以20世纪50年代为背景的美国音乐电影，又译为《油脂》。

秋冬季

专业设计师的一年是在起草秋冬季作品和将其推出市场之间度过的。幸好有了这本设计书，你可以在阳光下一边喝柠檬汁，一边设计你的作品，但是，一定要注意季节。例如，外套不能像卷烟的纸那般薄，也不能太紧，不然，你最喜欢的大套衫就不能穿在外套里面了！

面料和颜色的选择

　　除了外套需要用保暖材料来制作以外，你无需绞尽脑汁去找冬季的专用面料。只要将羽绒服穿在外面，里面穿羊毛、克什米尔羊绒、棉、法兰绒、绉呢等都可以。绒布就不用考虑了，虽然它非常保暖，但只适合徒步的时候穿。

小贴士

　　如果你家附近没有卖面料的商家，可以在网上找找，上面有各种各样的面料。

卡尔·拉格菲尔德[19]

他总是身穿一件黑色的紧身西服，里面搭一件和他头发颜色一样白的衬衣，这就是卡尔·奥托·拉格菲尔德，人们更习惯的叫法是卡尔·拉格菲尔德。任何东西只要经他之手，都能在时尚界取得成功。没有人知道他的真实年龄，只知道他于1955年在法国设计师皮埃尔·巴尔曼[20]手下开始了时尚之路，然后做了几年自由设计师，1983年加入香奈儿后，便走上了经典设计之路。此后推出的兼有香奈儿传统风格与卡尔·拉格菲尔德个人风格的服装系列好评如潮，香奈儿公司的销售量也屡创新高。卡尔·拉格菲尔德的与众不同是必需的，也是自然的，这位不知疲倦为何物的设计师同时还是自己的品牌及意大利奢侈品牌芬迪的设计师。

19. 卡尔·拉格菲尔德（Karl Lagerfeld），德国设计师，人称"老佛爷"或"时装界的凯撒大帝"。

20. 皮埃尔·巴尔曼（Pierre Balmain），法国传奇设计师之一。

根据你为秋冬季选择的颜色，给下面这些色谱卡上色。

小贴士

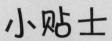

如果想让你的系列更有个性、更有节奏感，就可以将同一印花用于不同的款式上并稍加变化，例如，可以用一件利伯提印花衬衣的面料来做外套的包边。

款式的选择

时尚会随着时间演变。10年前看起来难看的衣服，可能现在又变得超级时髦了。下面是一些永不过时的款式和回潮款式，它们会对你有些帮助。

永不过时的款式

布雷泽、风衣、狩猎外套或军衣风格短外套、九分裤、直筒牛仔裤（501型）、单色T恤及两件套（套头衫加开衫）。

颜色包括：黑色、米色、裸色、海军蓝和白色。

回潮品

特殊剪裁的裤子（窄筒、宽筒、前褶和翻边等）、垫肩、带帽的牛角大衣、超短裤和短裤、收腰很明显（或者完全不收腰）、条纹、花布、蕾丝、贝雷帽、不对称的裁剪、鲜艳甚至带荧光的色彩（粉红、偏黄的青绿色等）。

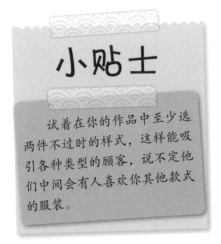

小贴士

试着在你的作品中至少选两件不过时的样式，这样能吸引各种类型的顾客，说不定他们中间会有人喜欢你其他款式的服装。

克里斯汀·迪奥[21]

这一款收腰的裙子有着长至小腿中部的宽阔裙摆，在1947年颠覆了时尚界。它的设计师克里斯汀·迪奥（生于1905年1月21日、法国诺曼底格兰威尔）并不是时装设计师出身，可以说他从事设计是有点偶然的。多亏了商业巨子马赛·博萨克（Marcel Boussac）的合作邀请，这才使克里斯汀·迪奥创立了自己的同名品牌。著名的"新风貌"[22]有着优雅、精致的风格，让战后的法国女性为之振奋。难看的款式、面料的短缺都结束了！时尚让饱经战火的法国女性重新找到了希望。品牌成功10年之后，迪奥去世，留给了世人一个著名的时装品牌，该品牌至今都引领着时尚潮流。

1. 克里斯汀·迪奥（Christian Dior），简称CD，法国设计师，他的同名世界著名时装品牌一直是炫丽的高级女装的代名词。
2. 1947年2月12日，克里斯汀·迪奥推出的系列被媒体称为"New Look"，因为它的轮廓与细节和第二次世界大战之前流行的垫肩外套、直筒窄裙完全不同；该系列使用了大量的布料来塑造圆润的流畅线条，不再像第二次世界大战期间那样因为物资缺乏而不得不尽量少地用布料了。

画几个用于展示你秋冬系列的模特。

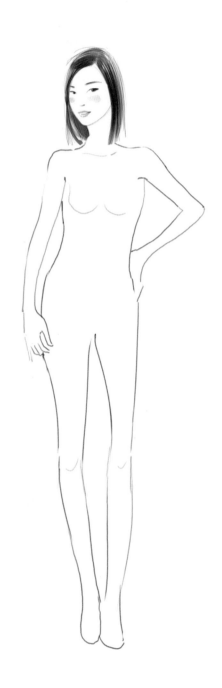

小贴士

　　如果模特图的比例没画正确，你的衣服看起来就不会合身、好看了。参考第10、11页讲过的头身比例来画肩膀，肩膀的宽度等于一个半头，臀部宽度也等于一个半头。

衣服的不同款式

外套

中性时尚的发展彻底改变了时尚密码：曾经只有男士才穿的派克风衣，现在几乎所有时髦女孩都有一件。当然，也有一些女孩子喜欢老式的大衣，但是，经典不一定只是老奶奶才穿的风格。现在，请你来解析这些潮流，再根据情况来设计你的系列。再强调一次，要时刻记住服装为谁而设计，并且，常常站在未来女顾客的立场想想。

小知识

大衣、派克风衣和其他棉衣很费面料，也比较贵。为了不让成本太高，设计师基本上只会为每个系列做3～4个款式。

小贴士

好好想想你的外套或派克风衣是怎么扣上的。把不同样式的纽扣、拉链、绳子等列个清单。正是这些细节凸显了衣服的个性。在网上或媒体杂志上找一找这些小玩意儿的图片，然后，学着把它们画下来。

测一测你的时尚知识！
你认为下面的4个模特身上穿的衣服是什么牌子？请写下来。

小知识

很多牌子都会迅速推出当季热品。

模仿与被模仿在时尚圈是很常见的。许多不同的牌子实际上属于一个集团，如桑德罗（Sandro）与玛耶（Maje）[23]。

小贴士

你的旧大衣看起来单调乏味？可以把扣子换掉，用碎花布或艳丽的粉色缎子重新包上领口，剪短30厘米，加些口袋等。亲自动手改装自己的衣服也能培养你的创造性。如果有朋友找你为她们的衣服做一样的改装，就说明你成功啦!

23. 法国成衣品牌。这两个品牌的创始人实为姐妹。

衣服的不同种类

内衣

以前，内衣一定要穿在里面、藏起来。但现在，内衣是造型不可缺少的部分。虽然面料比以前舒适、耐用很多，但款式和以前的内衣却有几分相似。

小练习

你觉得这件20世纪初的内衣与1990年让·保罗·高缇耶[24]为麦当娜（Madonna Ciccone）设计的那件衣服有哪些不同和相似之处？

24. 让·保罗·高缇耶（Jean-Paul Gaultier），法国知名设计师。

让·保罗·高缇耶

让·保罗·高缇耶生于1952年4月24日。他之所以成为设计师，是因为雅克·贝克在他出生前7年拍摄的一部电影《装饰》（Falbalas），高缇耶被以前老式内衣的魅力所深深吸引。高缇耶在识人这方面也极有远见。他的客户有手风琴家伊薇特·奥尔内（Yvette Horner），麦当娜（高缇耶负责了她两年世界巡演的演出服装），玛莲·法莫（Mylène Farmer）[25]和Lady Gaga。她们之间的共同点？当然是与众不同！和高缇耶的专用模特一样，这些明星都有非常独特的个人魅力。一些高缇耶的模特甚至是在街上被发掘出来的哦！

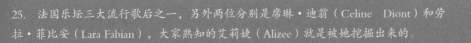

25. 法国乐坛三大流行歌后之一，另外两位分别是席琳·迪翁（Celine Diont）和劳拉·菲比安（Lara Fabian），大家熟知的艾莉婕（Alizee）就是被她挖掘出来的。

根据下面的主题设计三款内衣。可临摹右边的
款式，然后，涂上颜色，再将它们剪下来，贴

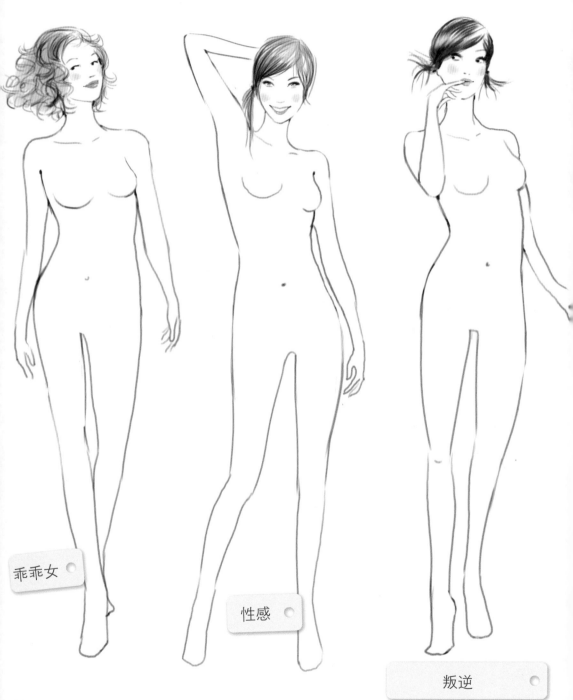

乖乖女

性感

叛逆

到模特身上，或者在重新设计之前给每个模特都试一下。

小知识

一些大的时装连锁店因为价格低廉而占有了大部分市场，而奢侈品牌因为注重质量而不是数量，同样有着一群忠实的客户。

小贴士

你可以全部采用这里的款式，或者只选择其中的一部分。

配饰

包

　　精心的装扮怎么可以少得了包的搭配呢！打折的时候，包最能让一些时尚达人们为之疯狂。一些人只对特定的款式或牌子的包感兴趣，但对于大多数女孩来说，包是越多越好，这样的话，什么风格都有包来搭配了。所有设计师的目标都是让自己的作品成为街包，最好人人都抢着买！有一些人成功了，你为什么不试试呢？

在几年前，这些著名
的成衣品牌并不制作包。为
了满足顾客"全身上下同一牌
子"的渴望，它们才开始做
包，并且获得了成功。

不同季节的系列设计　83

小贴士

多问问你的朋友!

她们喜欢什么款,手包还是挎包?喜欢内包多的还是就一个简易的大包?喜欢布料的还是皮质的,还是这两种都喜欢?拉链?印花?还是单色?参考这些答案,然后,加入自己的风格,尽情放手去画吧!

画出你认为"完美"的包（里外都要画，说不定可以代替凡妮莎·布鲁诺[26]的传奇布提包CABAS哦）。

26. 凡妮莎·布鲁诺（Vanessa Bruno），法国的知名设计师品牌，是极简奢华风格的最佳代表，一系列帆布亮片包更是在全球引起了抢购旋风。

配饰

首饰

几乎所有的成衣店都有一个小小的摆放首饰的地方，要么在收银台附近，要么挂在模特身上。这些装饰项链和耳环等常常能勾起人们的购买欲望，简直难以抗拒！这些只不过是商家用低利润产品来刺激销售的一种方式。同时，顾客也可以买到真正时尚的配饰，避免走入时尚误区。

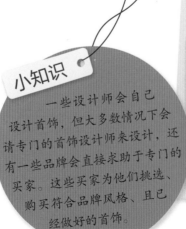

小知识

一些设计师会自己设计首饰，但大多数情况下会请专门的首饰设计师来设计，还有一些品牌会直接求助于专门的买家。这些买家为他们挑选、购买符合品牌风格、且已经做好的首饰。

小贴士

灵感不仅可以来源于时尚服店，还可以来源于博物馆！女人们戴首饰已经有几千年的历史了，一遗留下来的物品及画作对设计师来是莫大的宝藏。参观博物馆的时候千万别忘了带上可以把它们记录下的工具，以免忘记作品细节。

给下面的模特戴上首饰（耳环、耳环+长项链、T恤或圆卷领，你想画什么都可以）。

小贴士

练习画不同的表情（可以从杂志上找灵感），直到模特风格和你的服装、配饰风格最接近为止——能触发一种最直接的视觉效果。

配饰

帽子

　　设计师可以设计出帽子的款式，但要将其做出来，则需要专业的时尚制帽师。制帽师会根据设计师的要求，将毛毡做成帽子的形状，或者用麦梗编出帽子。不管是经典款还是你完全想象不到的奇特夸张款，制帽师都可以按照要求把帽子做出来，而且，他们也完全有能力设计并制作自己的帽子！

小贴士

　　怎么练习画帽子呢？剪下图片中戴有帽子的头部，把它一分为二，分别贴在纸上，然后，练习画出缺掉的部分。鞋子和衣服的练习也可以参照此法。

艾尔莎·夏帕瑞丽²⁷

1890年9月10日，艾尔莎·夏帕瑞丽出生于罗马，家境显赫。1914年，她与威廉伯爵结婚。据说，这位文人跟她结婚是因为她的嫁妆而不是她的才华。1919年，她随夫迁居美国，在独生女伊冯出生几个月后，丈夫便抛弃了她。之后，她结识了很多欣赏自己才华的艺术家和知识分子。

1922年，艾尔莎回到巴黎，遇见保罗·波烈之后，走上了设计之路。1933年，她设计了第一款长裙，这只是成功的开始。她设计的服装既古典又大胆。她对粉红色的运用被人称为"惊人的粉红"，有着鞋子形状的帽子是她的代表作。她在第二次世界大战初期为了躲避战火而迁居美国，直到1945年战后，艾尔莎才重新回到法国，但她的生意却濒临破产。一直到去世前（1973年11月13日），她都是靠着创造的香水专利权所得的钱生活的。

27. 艾尔莎·夏帕瑞丽（Elsa Schiaparelli），意大利设计师。
28. *Barry Lyndon*，又被译为《巴里·林登》。
29. *Cabaret*，又被译为《歌厅》。

配饰

鞋

鞋不是谁都可以设计的，因为设计鞋子是一项很具体、技术性很强的工作。只有一些大品牌才有同时推出成衣、包和各式各样的鞋的能力，其他的牌子就只能局限于单鞋的制作了。

单鞋是展示设计系列必不可缺的配饰。不管是平跟还是10厘米的高跟，模特都会根据你的选择毫不犹豫地穿上。

普拉达

让一个名不见经传的皮制品小牌子蜕变为时尚界最具代表性的牌子，对意大利设计师缪西娅•普拉达（Miuccia Prada）来说，这是一场胜利的赌局。缪西娅•普拉达于1950年出生，在1977年加入了由自己祖父马里奥•普拉达在1913年创立的公司。1980年，她推出了集朴实、实用与优雅于一身的"黑色尼龙包"，该包逐渐成为人们必不可少的配饰。

继黑色尼龙包成功之后，她又在1983年推出了自己的第一个鞋子系列，更在1985年推出了成衣系列。10年后，她享誉全球。普拉达的衣服和鞋子在面料和款式上都很前卫，但绝不会太夸张。如今，普拉达已经成为著名的跨国公司，旗下不仅拥有众多如阿拉亚[30]、邱吉斯[31]这样的大牌，还有太阳镜线、内衣线、成衣（从儿童的成人）线和男装线。

---

30. 阿拉亚（AzzedineAlaïa），服装设计师阿瑟丁•阿拉亚的同名品牌。他设计的裙装被誉为女人的"第二层肌肤"，其作品备受美国名人的追捧。
31. 邱吉斯（Church's），英国著名的鞋子品牌。

克里斯提·鲁布托

　　克里斯提·鲁布托于1964年1月7日在巴黎出生，先后加入过法国颇负盛名的品牌公司查尔斯·卓丹（Charles Jourdan）和罗杰·维威耶（Roger Vivier），在那里开始了设计并制作鞋子的生涯。1992年，羽翼渐丰的他决定自立门户，在巴黎开了第一家店。他制作的将经典重新演绎并加入自己的独特个性的鞋子，吸引了不少顾客争先恐后地来购买，就连以冷面刁钻著称的Vogue杂志美国版主编安娜·温图尔（Anna Wintour）[32]都写了两篇关于他的文章，其中不乏赞扬之词。他从此红遍全球，从洛杉矶到巴黎，从纽约到莫斯科再到圣保罗，他的标识性红底鞋在全球的T型台频频现身。

32. 安娜·温图尔（Anna Wintour），1949年11月出生于伦敦，Vogue杂志美国版主编，是电影《穿普拉达的女王》（又译《时尚女魔头》）的原型。

脚和鞋子不太容易画……

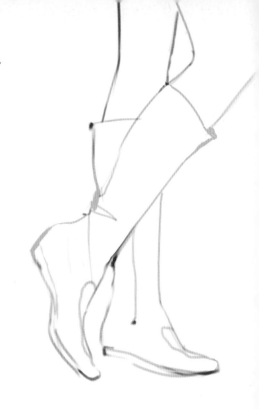

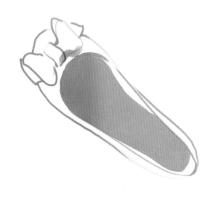

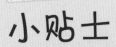

小贴士

　　当然，模特的脚可以完全写实，但如果你把她们的脚画大一点点（只能一点点）的话，她们看起来会更有个性。

可以给这些鞋子涂上颜色哟！

试着练习这些姿势的画法，让你的设计图更完美！

高级定制服装

平均每年大概只有2000名女士可以从自己或丈夫的银行账号中拿出好几万元（或好几十万元）来给自己买几件高级定制服装。

在1945年，高级定制服装公司有上百家；由于后来的经济危机，如今只剩下寥寥十几家了。那些曾经响当当的大牌如今成了奢侈品的展示窗，用来推销美容产品、包和各种各样的配饰。尽管如此，高级定制的品牌形象还是保持着原貌。

小贴士

尽管这些高级定制服装店的衣服很贵，但不要怕。勇敢地进去参观参观，你会从中得到很多可以加入到自己系列中来的好点子。

过去和未来

法国依然有着最多的定制服装品牌。这些品牌在以前是属于设计师的，不过，现在已被大的奢侈品集团收购。一切都与经济和商业有关。

小知识

为了保护制作的秘密，高级定制服装都是在品牌的手工作坊里制作而成！同时也是根据客人的订单来量身定制的。因为顾客看上的模特在时装秀上穿的某个款式的尺寸不可能完全合身，所以需要做些必要的改动。

沃斯

　　法国著名的高级定制居然是由一名英国人创造的！1825年出生的查尔斯·弗雷德里克·沃斯（Charles Frederic Worth）在20岁的时候来到了巴黎。1858年，他与一名瑞典合伙人建立了自己的品牌。在1871年时，他是唯一一个为当时的名人做衣服的设计师，从皇后到有名的女明星都是他的客户。他的秘诀就是：每年推出一个新系列，高级定制服装的基准也由此而来。

时尚界最后的手工艺

如果没有手工艺人灵巧的双手，以及花好几天时间来制作的精美刺绣，想做出美丽、独特的裙子是不可能的。每一件高级定制服装之所以价格高不可攀是有原因的：每个小细节都需要一系列繁琐的工序，面料也很难找，且价格不菲。

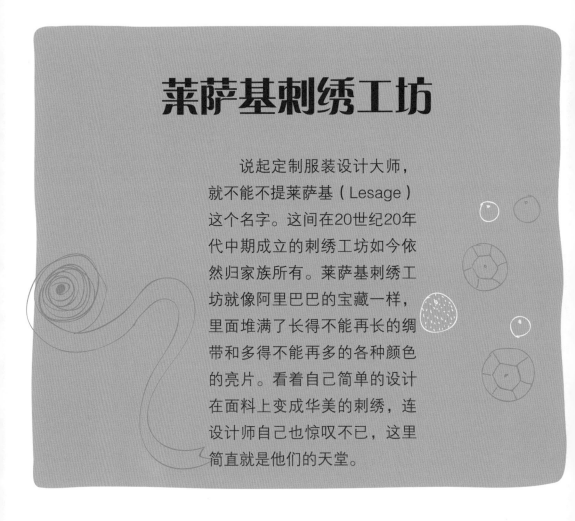

莱萨基刺绣工坊

说起定制服装设计大师，就不能不提莱萨基（Lesage）这个名字。这间在20世纪20年代中期成立的刺绣工坊如今依然归家族所有。莱萨基刺绣工坊就像阿里巴巴的宝藏一样，里面堆满了长得不能再长的绸带和多得不能再多的各种颜色的亮片。看着自己简单的设计在面料上变成华美的刺绣，连设计师自己也惊叹不已，这里简直就是他们的天堂。

克里斯汀·拉克鲁瓦

莱萨基刺绣工坊最忠实的客户非克里斯汀·拉克鲁瓦（Christian Lacroit）莫属，他于1951年5月16日出生在法国阿尔勒[33]，对艺术和文化充满热情，在1987年正式进入高级定制服装业。他深受家乡斑斓色彩的影响，并且将这些颜色搬上了T型台。他设计的款式大胆、多变，每个服装系列的推出都能引起轰动。由于金融危机的影响，经济困难的他不得不申请破产，在高级定制服装业上止步了。不过，克里斯汀·拉克鲁瓦自己依然坚持设计，对于剧院戏服、装饰等都有涉猎。

33. 法国东南部的城市。

拿一块布料，做出下面的这朵花。再用针在空白的地方绣上大约2毫米的小缝线。做好之后拍一张照片，再将照片贴在你的册子里。

旁边的直针绣是最简单的针法之一。

小贴士

刺绣的针法有很多种，你可以在专门的刺绣书里学到这些针法，再在布料上练习练习。

刺绣用的各种颜色的线可以在大商店、大型超市或家居生活馆里找到。这些线基本上都是棉线，但也有些是用丝绸或亚麻做的，用这样的线做的绣品会比较暗。

你也可以在羊毛面料上绣，但是线要选粗一点的。

小知识

如果你不想用单色的布来绣花，也可以选择带有图案的印花布。可以根据布料上已有的图案来绣，可以用同色的线，也可以用你喜欢的颜色的线。

高级定制和成衣

　　1959年，皮尔·卡丹（Premier Couturier）推出了成衣系列，成为第一个推出成衣系列的设计师。第一位开成衣店的人是伊夫·圣罗兰，1966年，他在自己的店里推出了一个同名成衣系列。成衣市场非常巨大，现在，有数百位设计师分布在欧洲和美国。这些成衣在西方国家设计，却在东方的亚洲制造（也有极少数不在亚洲）。成衣是大众化服装业，与高级定制完全相反！

小知识

　　可可·香奈儿（Coco Chanel）说过："时尚如果不能在街头流行，就不能叫时尚。"长期以来，以她名字命名的品牌，在成衣和高级定制服装上都非常成功。

可可·香奈儿[34]

　　可能只有用"坎坷却不同寻常的命运"才能比较好地形容可可·香奈儿（CoCo Chanel）。她在12岁的时候被父亲抛弃，和两个姐姐一起被收留在科雷兹的一家孤儿院，她在那里待了6年。18岁的时候，她去了穆兰[35]教会寄宿之家，在那里学会了针线缝纫技巧。后来，香奈儿当过一段时间的歌女，期间结识的达官显贵为她打开了通往上流社会的大门。1910年，她在巴黎开了第一家帽子店。几年以后，她推出了自己的服装系列和首饰，完美地体现了优雅、自由的设计风格。受到第二次世界大战的影响，她暂停了一切事业。第二次世界大战后，她于1954年东山再起，其设计的女式西服配双色高跟鞋让她再次声名鹊起。香奈儿死于1971年1月10日，享年87岁。

34. Coco Chanel，原名加布里埃·可可·香奈尔（Gabrielle Bonheur Chanel）。
35. 法国中部的城市，阿列省首府。

小知识

时装秀上最吸引人的单品就是婚纱，千万不要忘了它！婚纱必须要和整系列的风格一致，也可以是个系列中最吸引人眼球的款式。一定要抓住这个好机会，设计出你梦想的婚纱哟！

时装秀

　　万众期待、令人紧张的日子到了：时装发布会！设计好的衣服终于要展现给大家和专业人士了。完全进入作战状态，好几个月的精心准备，成败与否就看这一天了。

　　看在投入大量资金的份儿上，音乐、灯光、选模特等都不能疏忽！

模特和T型台

要上场的超级模特、邀请到的明星、上流社会的新秀等全部到场了。选模特不仅仅是选尺寸，更多的是看她们的气质是否与品牌一致。如果你看见模特老是一副生气的样子，是因为设计师要求她们那样。她们甚至都有些习惯冷峻的面孔了，以至于很多设计师在她们登场前不得不对着她们吼："女士们，别忘了微笑。"但千万别笑过了！因为不能让顾客觉得模特有挑逗之嫌。

小贴士

如果有天你对轮廓图有些怀疑，要记住，全世界只有5%的女士拥有超级模特的身材比例。

小知识

设计师会给每款衣服都取上一个名字。一些人根据设计主题来取，另外一些人则按字母表来取，如所有"A"系列的衣服，全部以A开头取名字。这样虽然不是很有创意，但找起衣服来却非常方便。

AUDREY

Gisele

Louise

KATE

HELEN

你也可以成为时尚设计师：培养你的时尚触感

发型师、化妆师和造型师

在时装周的时候，模特的走秀一场接着一场，她们经常会迟到，而且，总是一副疲惫不堪的样子。不要慌张！只要有化妆师和发型师的魔法之手，什么样的脸都能焕发出活力。模特们在他们的专业打造下，看起来精神饱满，并且，能迅速进入她们需要扮演的角色。

小知识

根据设计师想要表达的意思，模特们的发型和妆容在时装秀的几周前就已经确定好了。一切都定下来以后，发型师和化妆师主管会跟一大群负责时装秀的专业发型师和化妆师们说明他们要画的妆容和发型，包括最小的细节。

烟熏妆、爆炸头、直发、裸妆等，所有模特的发型和妆容都必须几乎一模一样！

在这些头上，模仿着画出所给发型，然后给她们化妆，让她们有自己的个性。

小贴士

如果你实在画不好身体和面部，可以去上一些绘画课，或者买几本相关的专业绘画书。勤加练习，就一定能熟练掌握绘画技巧，并且找到属于你自己的风格。

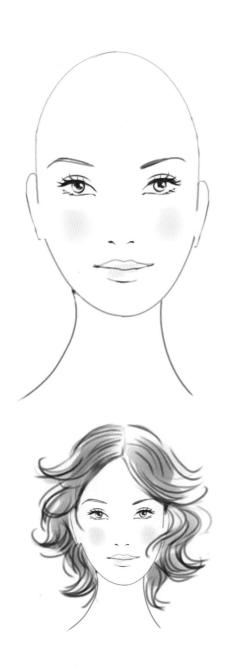

时装秀之后

  时装秀刚刚结束，有人鼓掌……但是，坐在第一排的各大时尚杂志的主编们明显地撇了一下嘴。真是个大灾难！看来她们是不会说什么好的了，有可能更严重，她们没准儿连提都不提。相反，如果她们在时装秀之后，过来跟设计师打招呼并说时装秀很精彩，那便表示，你成功了！如果时装秀上的时装能出现在她们的文章里或杂志封面上（做一下梦还是可以的），就能吸引成千上万的女性来购买这个牌子！

安娜·温图尔³⁶

方形直发、黑超墨镜，安娜·温图尔（Anna Wintour）以这样极具代表性的造型出现在一个又一个的时装秀场中。她于1949年11月3日出生在伦敦，这位美国版*Vogue*杂志的前主编在时尚界有着呼风唤雨的地位，她能捧起一名设计师，也能将其彻底摧毁。她以对时尚的敏锐感、苛刻、严谨而闻名，但她却是因为一部小说中的人物角色——Miranda Priestly而家喻户晓的。这部小说是她的前助手写的，后来被拍成了风靡全球的电影：《穿普拉达的女王》。

现在，你的服装系列已经完成了，是时候想一想将要挂在每件衣服上的商标吊牌了。

小贴士

　　如果服装系列是比较纯净的风格，那么，商标吊牌也应该如此。这里有个比较好的选择：黑色或深蓝色作底色，上面加白色或金色的商标名称。

　　如果系列比较年轻、颜色丰富，可以直接用系列中的印花布来做吊牌，唯一需要注意的是品牌名称一定要显眼。白色能给人年轻的感觉，但没什么个性，不过，如果吊牌上的字体比较独特，还是能吸引眼球的。

　　人们经常会选择比较便宜的材质来做吊牌，虽然布料或塑料看起来美观、独特，但成本太高！还是纸质吊牌使用得比较广泛。

　　还要选择吊牌的吊绳。酒椰叶纤维配粗纸壳吊牌最完美，细金线可配深蓝色的吊牌和黑色带金色字的吊牌，红色的绸带则会让白色的吊牌尤为出彩。

　　吊牌形状有正方形、圆形、长方形等很多种。应选择最适合印刷商标名字的形状，比如，如果品牌的名称很长，那么，长方形的吊牌就比较合适，如果你特别想用心形的吊牌，就不得不把长长的名字挤进仅有的空间内，那样的效果可想而知——商标上的名称几乎看不清！

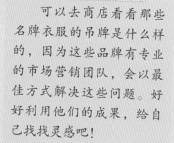

　　可以去商店看看那些名牌衣服的吊牌是什么样的，因为这些品牌有专业的市场营销团队，会以最佳方式解决这些问题。好好利用他们的成果，给自己找找灵感吧！

你要决定吊牌的颜色、形状、大小和材质。可以从下面挑一款或自己设计一个。

想象某杂志上刊登的一篇关于你的作品系列的报道。写一篇短短的关于"设计师"的简介（你的创造动力、选择等），然后，扫描或复制几款你的作品。尽量模仿真正的杂志报道，让这些内容看起来更真实。

我的速写本

亲自动手！没有比这更加有效、更能迅速地找到自己的风格的练习方式啦！

接下来的几页专门用于练习基础和画出你的设计图。

记住，我们的目标是一步一步地走向成功。你现在画的轮廓不会出现在以后的设计图中，只是为了以后能在一张白纸上画出自己的设计图打下基础。如果你按照书中所说的去做，就一定能成功！

最好买一个漂亮的速写本，大小要适中，这样，你就可以随身携带，走到哪里都掏出来画一画了。速写本的纸要够厚，不能让前一页的画从后一页透过来。可以买螺旋速写本，也可以买其他的，看你自己喜欢。个性化地装饰自己的速写本：你喜欢的模特照片、崇拜的设计师的作品、你觉得漂亮的商店卡等都可以用来装饰速写本。这个速写本应该能反映出你的品位和个性。

小贴士

最好一看到喜欢或者让你有灵感的衣服，就马上把它画在速写本里。最理想的状态是，每天都能在速写本里画一画，或者贴些什么东西。

如果可能的话，最好多买几个本子，这样，就可以随时随地都有一个速写本在手了。

每个速写本上都要贴上自己的联系方式、名字、地址等，如果你不小心把速写本弄丢了，捡到的人也能联系到你，方便归还。

Mes
Petits
Croquis

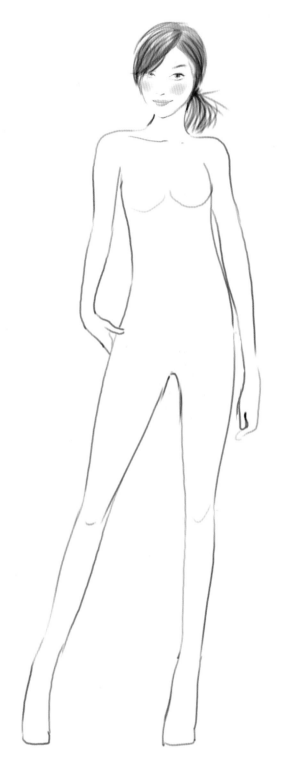

完善这些设计图，给
她们穿上你选择的衣
服，也可以设计一个
或多个系列的衣服。

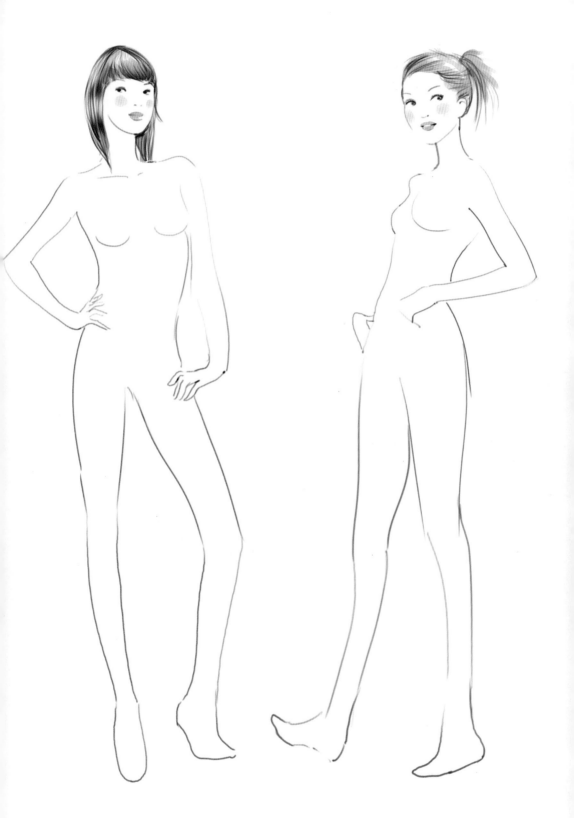

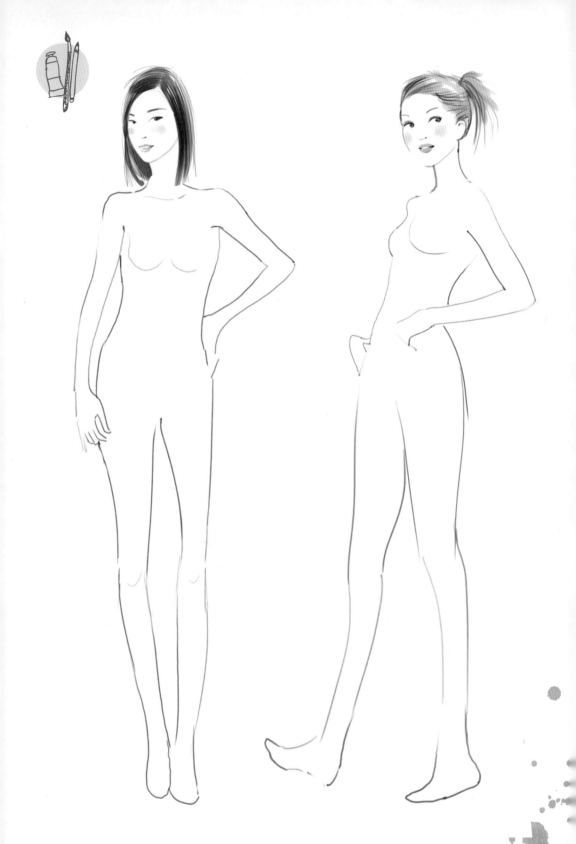

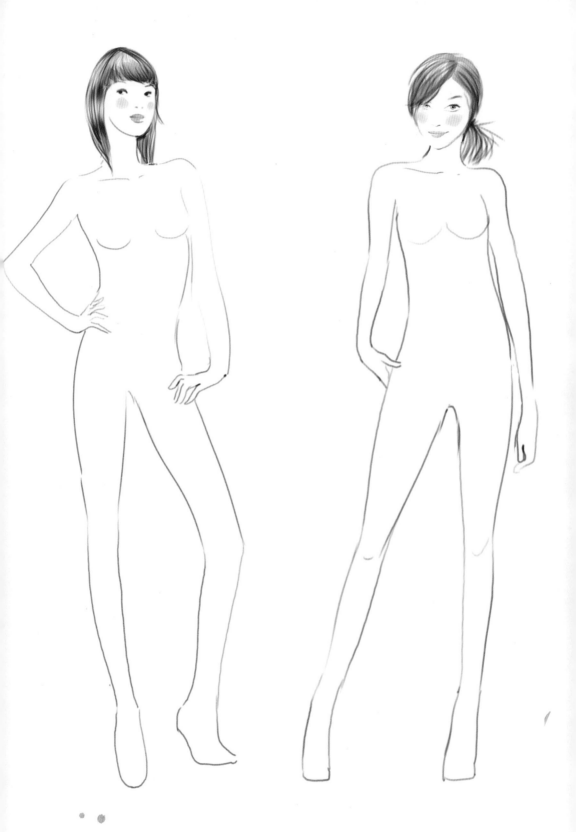

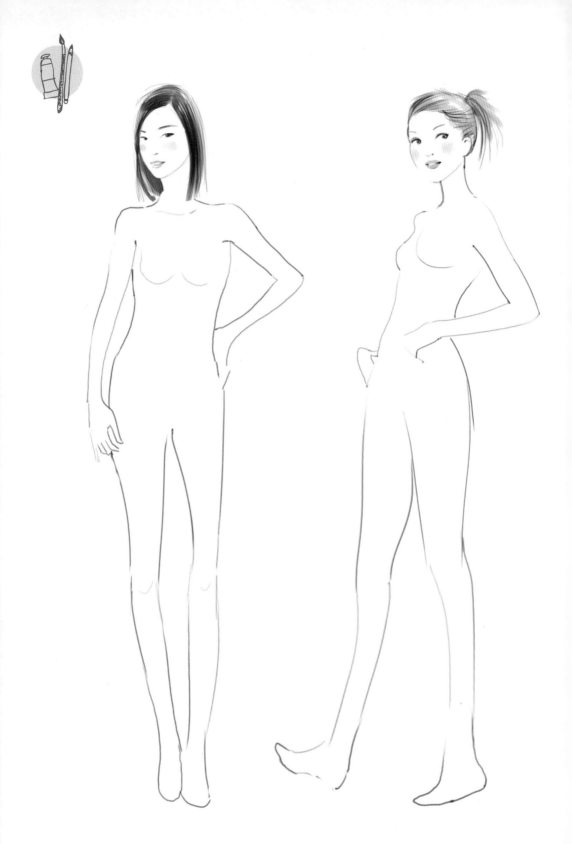

你也可以成为时尚设计师：培养你的时尚触感

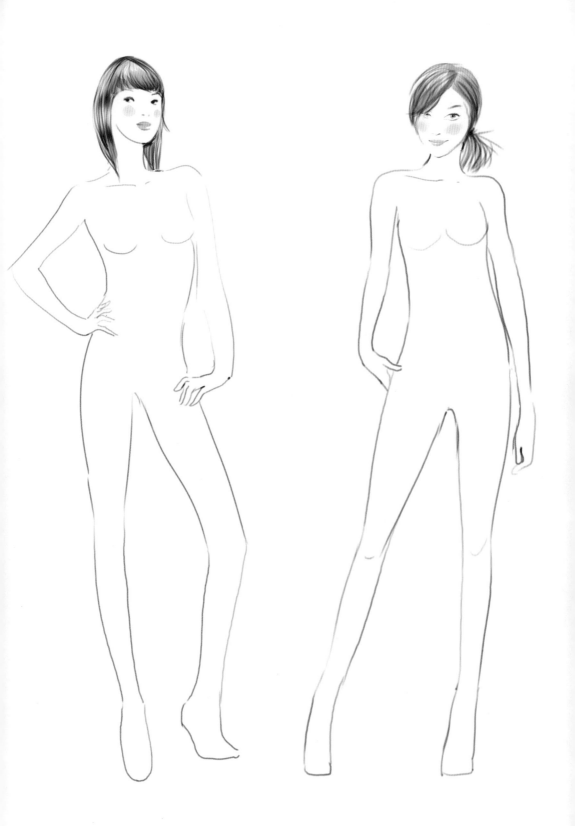

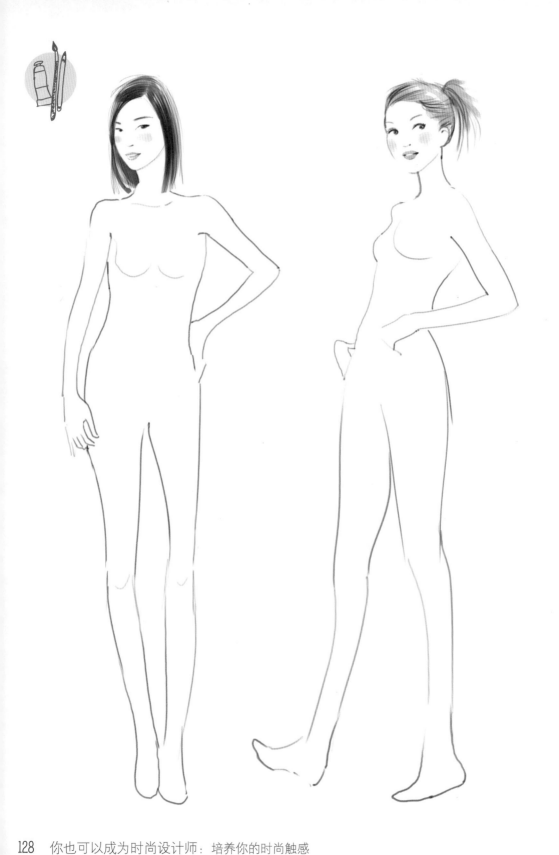

你也可以成为时尚设计师：培养你的时尚触感

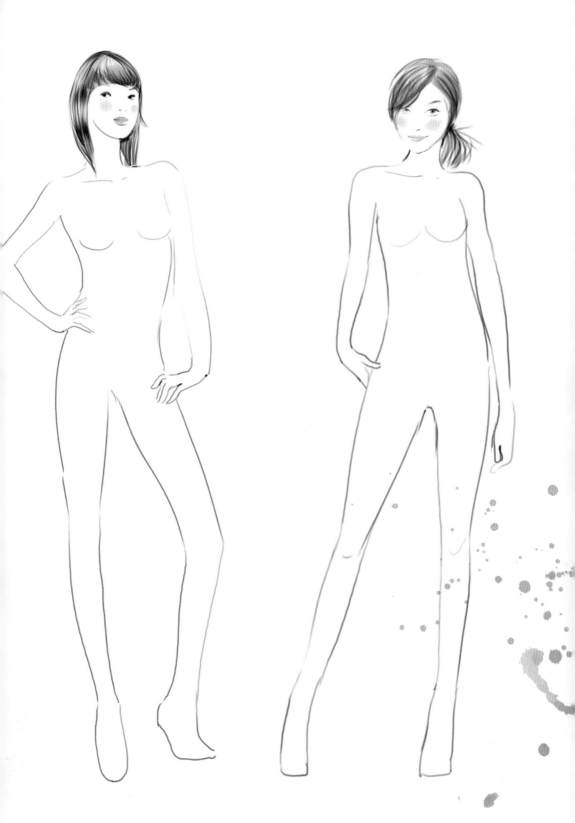

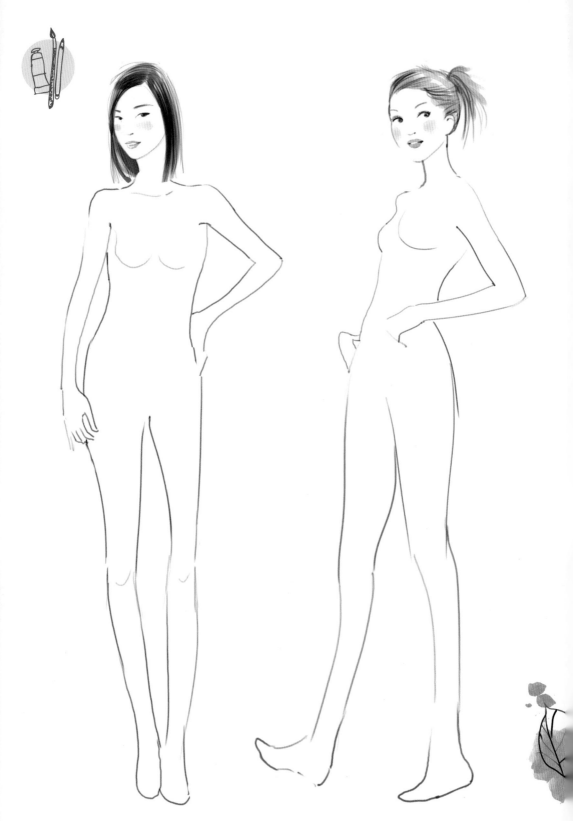

你也可以成为时尚设计师：培养你的时尚触感

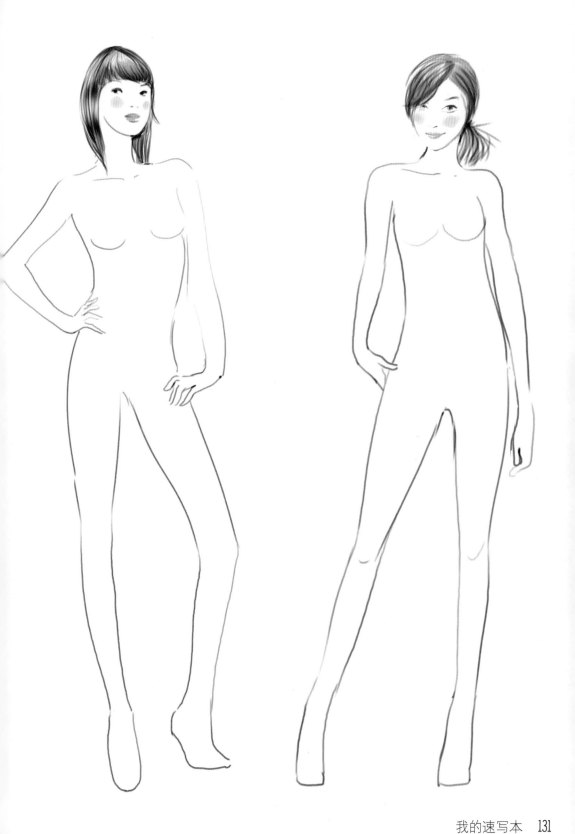

这些空白页是专门留给你的哟!
你可以一点一点地画出自己的第一个轮廓系列。

小贴士

如果你实在画不好脸，可以直接画出瓜子脸的轮廓，再画上头发就好了。

你也可以成为时尚设计师：培养你的时尚触感

你也可以成为时尚设计师：培养你的时尚触感

你也可以成为时尚设计师：培养你的时尚触感

你也可以成为时尚设计师：培养你的时尚触感

圣罗兰
天尾晚礼服

麦当娜穿
高缇耶

粗花呢

人字条形

缎子

香奈尔肖像试画